科学探险漫画书

飞天热气球
大探险

[韩]洪在彻 / 编文　[韩]申载焕 / 绘

徐月珠 / 译

时代出版传媒股份有限公司
安徽少年儿童出版社

了解大气科学，乘长风翱翔天际

很久以前，人们只要看到在天空自由飞翔的鸟儿，心中便幻想着有一天自己也能够在天空自由翱翔。在希腊神话中，伊卡洛斯操纵着自制的翅膀，像小鸟一样飞上天空。不过，伊卡洛斯后来飞得太高，黏合羽毛的蜡受太阳烘烤而熔化，他因此从高空坠落不幸身亡。

人类为了飞上天空所做的努力，可以追溯到欧洲中世纪甚至古罗马时期。而在文艺复兴时期的意大利，就有一个人进行了比古人更为深入的研究，他就是被誉为"天才中的天才"的达·芬奇。达·芬奇曾针对鸟的飞行进行过仔细的探索，并撰写了关于飞行原理和空气阻力的论文。此外，他还设计出依靠飞行员自身提供动力来驱动的飞行器，他称之为"扑翼飞机"。

人类长久以来的飞行梦想，终于在18世纪末法国的蒙戈尔菲耶兄弟发明了热气球之后得以实现。热气球是利用空气加热后所产生的浮力来升上天空的，也可以说是最早的航空器。而它之所以能够飞行，是因为有风的推动。因此，为了好好享受热气球带来的乐趣，就必须了解与大气科学有关的问题，例如：为什么会有风，早晚的风如何变化，地形对于风有何影响，等等。

　　从飞机上俯瞰地面，不仅难以看到人，连高山也都变得极为渺小。但是，若是从热气球上往下看，不管是人或山脉，甚至连海都可以清楚地映入眼底。乘着风在蔚蓝的天空中飞翔，可以说是一种令人身心愉快的体验。小朋友如果有机会的话，一定不要错过哟！

阿丹

特　　点 懒散又不用功,只爱吃、
睡和玩耍
参加动机 逃离课本
目标任务 管好自己,不惹麻烦

爸爸

特　　点 自以为是爱迪生,最爱吹嘘自
己的奇怪发明
参加动机 实现发明家梦想
目标任务 制作热气球并且负责驾驶

特　　点　沉着而细心，具备丰富的科学知识
参加动机　因为被阿丹拖累才不得不参加
目标任务　资料收集并解决难题

小　咪

一个热情如火的人，但常因阿丹父子所惹的祸而吃尽苦头，连唯一的财产——热气球也被弄坏。

热气球
教练

妈　妈

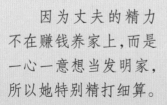

因为丈夫的精力不在赚钱养家上，而是一心一意想当发明家，所以她特别精打细算。

目　录

第一章

恐怖的
寒假作业

哇,从明天开始就放寒假喽!

哇,太棒了!

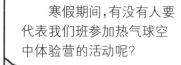

寒假期间,有没有人要代表我们班参加热气球空中体验营的活动呢?

怎么,没有人愿意吗?

呃……肚子好饿……

啊!突然想放屁……

?

多姿多彩的超轻型航空器

超轻型飞机

超轻型飞机的自重只有200千克左右,它结构简单,起降方便,驾驶容易,经济安全,是一种容易普及、推广的大众航空器。

新兴的运动——驾驶超轻型航空器

飞行伞

飞行伞兼有降落伞与滑翔翼的特点,由于同时具备降落伞的安全性、移动时的便利性以及滑翔翼的飞行性,而且操作简单,因此吸引许多爱好者。玩这种飞行伞大多要从山顶或岩壁处助跑起飞。

滑翔翼

借助悬挂式滑翔翼飞翔是一种滑翔运动。滑翔翼的操作比较简单,这种飞翔在天际的感觉是很刺激的。

热气球

乘热气球飞行是一项历史悠久的飞行运动,不过由于种种条件的限制,目前从事这项运动的人并不多。

第二章

乌龙热气球

什么，你们两个要参加热气球运动？

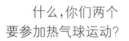

是的。

小咪，你是不是拿活动当借口，想影响我们家阿丹的学习啊？

绝对没有这回事！

嗯，你父母是做什么的？

他们是科学家。

科学家？

她爸爸是发明机器人的。

欢迎加入我们的大家庭。

咚

阿丹，爸爸已经把热气球做好了！

那么快？

老公,你——

老……老婆,怎么了？

老公,你要好好照顾我们家的小咪！

什么时候变成我们家的了？

……

哇！

流体有哪些特性

气体和液体因为具有可流动的特性,所以也被称为流体。不同的是,气体的分子间距大,相互间的引力微小,分子可以自由运动,所以气体在任何容器中,都能在很短的时间内充满整个容器。液体的分子虽然也可以自由流动,但仍紧靠在一起,所以其体积不易改变。

气体的相关原理

物质在气态时,只要温度或压力有变化,其体积也会跟随着改变。以下三个定律描述了气体的温度、压力及体积之间的关系:

玻意耳定律

在一定温度下,一定量的气体的压力与其体积成反比,也就是压力越大,体积越小。

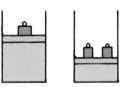

压力增加两倍,体积则减半

查理定律

定量气体的压力一定时,体积与绝对温度成正比,也就是温度越高,体积越大。

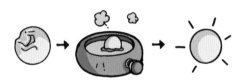

将压扁的乒乓球放到热水里,球里的气体因受热膨胀,就会使球鼓起,恢复原状

阿伏伽德罗定律

在同温同压下,相同体积的任何气体含有相同数目的分子。

第三章

奇怪的 热气球教练

爸,你要去哪里?

我现在要去见热气球教练。

热气球教练?

既然要参加运动,就要好好学啊!

我听说他就在这附近啊!

叔叔,你看那里!

我的身价可是很高的!

那可以刷卡吗?

可以。

电话卡不可以!

没上当啊?嘻嘻!

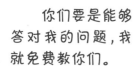

你们要是能够答对我的问题,我就免费教你们。

哇!真的吗?

世界第一台测定地震方位的仪器——候风地动仪是谁发明的?

来吧

什么?这么难的问题!

不知道的话就请回吧!

牛顿?

错!

爱因斯坦?

错!

热气球是怎样飞上天空的

要想知道热气球飞上天空的秘密,就得先从构成地球大气的空气开始谈起。空气是一种混合的气体,主要成分有氮气(约78%)和氧气(约21%),此外还有0.94%的稀有气体,如氖、氩等惰性气体(具有不易起化学反应的性质)。虽然我们看不到空气,甚至不易察觉到它的存在,但空气是具有质量的。

温度升高时,空气分子的运动速率就会变快,体积也会因此膨胀,密度变小,所以热空气便会"浮"在冷空气上。我们常说"热空气上升,冷空气下沉"的道理就是这样。所以,当热气球内的空气被加热到一定程度时,热气球的浮力大于重力,气球就会上升。

举例来说,2180立方米的球体内的空气,在15℃时重2.6吨,但如果将空气加热到100℃时,重量只剩2吨,便可得到0.6吨向上的浮力。

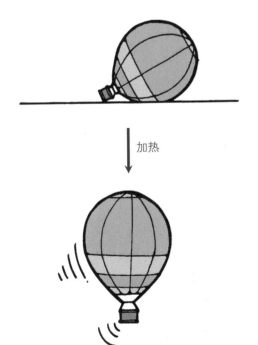

15℃时为 2.6 吨重的空气
+
0.6 吨的气球和驾驶员体重

加热

100℃时为 2 吨重的空气
+
0.6 吨的气球和驾驶员体重

第四章

混乱的第一堂课

快起床,太阳已经晒屁股了!快点准备上课吧!

热气球研究所

呵……好困……

我也是。

你们这些人,快给我打起精神来!

哎呀!

研

我们正在做上课前的准备活动。

今天要上的是理论课程，不需要做那些运动吧……

真的啊？

爸爸什么都不懂嘛！可恶！

那我们快去准备文具做笔记吧！

简单说，热气球就是"可以让人坐上去并且飞到空中的气球"。

这种事还需要你说吗？

罚你一拳！

耳朵真灵，居然听得到我说的话？

谁叫你那么大声！

我上课时喜欢大家认真听讲。

喂，你们父子俩太恶心了吧！

是！

根据产生浮力的方式，气球的种类可以分为热气球、罗泽气球和轻气球三种。

热气球是利用火来加热气球内的空气，以获得浮力的装置。

罗泽气球则是在气球内填入氢气或氦气，又具有加热装置的气球！

轻气球不用说，你们应该都清楚吧？

是

我不清楚……

那我就来出一个问题考考你们！最常在轻气球中使用，宇宙中很轻的两种气体是什么气体？

我知道！氢气和氦气。

不对，不对啦！

答对了！

怎么样，厉害吧？

哼！

氢气是无色、无味、难溶于水的可燃性气体，也是自然界中最轻的气体，还是宇宙中最丰富的元素，约占 75%。

氦气是稀有气体，其重量仅次于氢气，在 -268.9℃才会液化，常应用在气象、低温实验或火箭燃料等方面。

听了就想睡……

啊——我也有同感！

什么是氢气和氦气？

想学好科学就得认真哪！哼！

……

最早的热气球是法国的蒙戈尔菲耶兄弟在 1783 年发明的。

1783，他们用热气球进行了第一次载人飞行实验。热气球是用布做成的，并以燃烧麦秆和树枝来加热空气，在巴黎上空飞行了 25 分钟左右。

当时，许多人以为那是"不明飞行物"，还出动了很多警察，成为一时的热门话题。

哇，真的吗？

听听就好！

……

28

谁发明了热气球

　　人类很久以前就梦想能像鸟儿一样在空中飞翔，而这个梦想，终于在 1783 年，因热气球的发明而实现。

　　发明热气球的是法国蒙戈尔菲耶(Montgolfier)兄弟，他们无意中发现，只要将加热后的空气填充进纸袋或布袋内，袋子便会往上升。兄弟俩在 1783 年 6 月 4 日，首次进行了公开的实验。这个"气球"是一个直径 10 米多的布"口袋"，他们燃烧麦秆和羊毛，将加热后的空气由袋子下方的洞填入袋子中。只见"气球"冉冉升起，一直升到近两千米的高空，大概停留了 10 分钟，降落在距离升空地约两千米的地方。实验的成功让蒙戈尔菲耶兄弟大受鼓舞，1783 年 11 月 21 日，他们邀请罗泽等人登上热气球，在巴黎上空飞行了约 9 千米、25 分钟。这次飞行比莱特兄弟驾驶飞机飞行整整早了 120 年，开启了人类的航空时代。

蒙戈尔菲耶兄弟的热气球

热气球的种类

根据产生浮力的方式,热气球可分为轻气球、热气球和罗泽气球三种。

轻气球(氢气球或氦气球)

轻气球是利用比空气密度还小的氢气或氦气来减轻重量的,当浮力大于重力,物体就会浮起来。想要提升高度时,就丢出预备的沙袋来减轻重量;想下降时,则释放气球内的气体。不过若是气体的装置出问题,则会瞬间失去浮力,让人像自由落体般掉下来。

热气球

热气球上升的动力完全依赖加热气球内的空气所产生,所以体积相对比其他气球更大。这类气球在空中时,通常都是随风飘动,而不主动改变方向,其轻盈自由的感觉,很受休闲运动爱好者的喜爱。

罗泽气球

罗泽气球是热气球与轻气球的混合体,也就是既填充氢气或氦气,又具有加热装置,能以加热的方式使气球上升或下降,多用于大陆之间的长距离飞行。

第五章

热气球的构造

哼,可恶!竟然只顾自己吃饭,完全不理我!

咚!

好想来一份热腾腾的比萨饼和一瓶清凉的可乐哟!

阿丹呀!

干什么?

嗒嗒……

你这家伙,我找你找了好久!

哼!

这么一点小事你就生气啦?

算了吧,我才不吃饭呢!

阿丹。

又要干吗?

今天轮到你洗碗了!

啊!

挖挖……

呜呜—

哗啦哗啦—

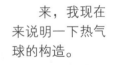

来,我现在来说明一下热气球的构造。

热气球大致可以分为三部分,有没有人知道?

我!

热、气、球,分成这三部分,对不对?

嘻嘻

我看你大概是连午饭也不想吃了,对不对?

别老是用吃饭来威胁人家啦!

热气球可以分为球囊、燃烧器和吊篮三部分。

首先,球囊的形状是仿照水滴由上往下滴的模样。

不过,现在也有很多奇形怪状的模样啦!

球囊是用可以承受 250℃ 高温的防撕尼龙布做的，这种布又轻又柔韧，还能防水。

每家公司制造的球囊寿命皆不相同，不过大多都能使用 400 到 600 小时。

燃烧器能燃烧丙烷或液化石油气，以加热气球中的空气。

燃烧器的燃料必须使用纯度 99.9% 以上的液化石油气。

这种臭屁不行吗？

不行！

噗！

最后，吊篮是以较轻的藤条制成的。

热气球的构造

    从蒙戈尔菲耶兄弟的热气球升空之后直到现在,热气球的构造并没有太大的改变。但随着现代科技的进步,热气球的安全性与过去相比提高了许多。

    一般热气球的构造大致可以分为球囊、燃烧器和吊篮这三部分。

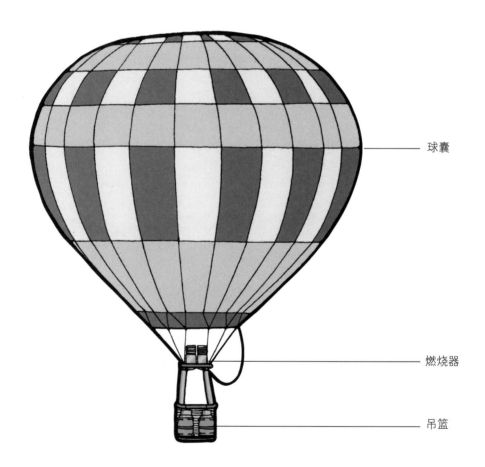

球囊

燃烧器

吊篮

球囊

　　一般多制作成水滴状，但也可以依据自己的喜好加以变化。球囊的材质大多使用防撕尼龙布，而且内外两面都做了特别处理，因此可承受约250℃的高温。

燃烧器

　　燃烧器是加热液化石油气的装置，这种装置能让燃料在瞬间燃烧，迅速提高气球内空气的温度。球囊越大，燃烧器的数目越多，一个热气球通常装置1至4个燃烧器。

吊篮

　　吊篮主要使用藤条制成，标准4人乘坐的吊篮必须能承受1吨的载重，而且从1米高的地方以自由落体方式落下时，必须没有任何损伤，才是合格、安全的吊篮。

第六章

飞行前
的准备

呼噜噜噜

啊啊

哎哟!

你们这些懒鬼，还不赶快起床！

锵锵

哎哟！

老师，现在是清晨6点，这么早起来干什么啊？

因为热气球会受到风的影响，所以得在清晨或是傍晚时练习啊！

你以为清晨就不会有风吗？

当然不是！

好困哪！

太阳出来后，强烈的阳光会使地面变热，地面的热气便会往上流动。

为了避免热气球受这些不规则的上升气流影响，我们要在太阳升起前练习！

然后呢？

愣愣

还有什么然后？赶快起来准备啦！

啊，是的！

准备搭乘热气球飞行时，首先最重要的就是要选定场所。

顺着风向，找一个可以随时降落的地方。如果有可以挡风的遮蔽物，那就更好了！

遮蔽物

可降落区域

还有，要注意避开障碍物或电线。时速2米～4米的风是最好的。

哟，你怎么知道这些？

我在网上找过资料了！

小咪，你真是用功的好学生啊！

胜利！

我也知道！

知道啥？

要让热气球升空，一定要先让它"发火"。

这样说也对啦！

那为什么还打我？

热气球组装顺序：

1.将燃料桶固定在吊篮上。

2.将燃烧器支撑架立好，然后固定好燃烧器。

3.连接燃料管与燃料桶，燃烧器点火进行测试。

4.将仪器固定好，确认手机、地图等都已经放入吊篮内。

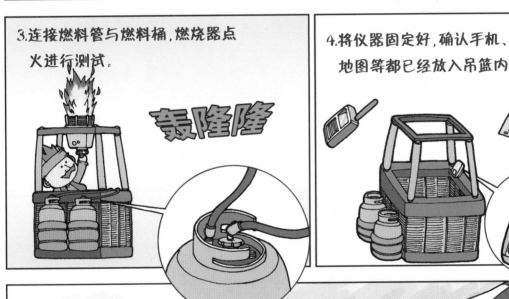

5.将吊篮倒向风吹的方向。

6.球囊鼓起之后，将球囊与吊篮挂好。

热气球的组装

　　热气球运动很少由一个人单独进行,因为不管是组装热气球,还是填入空气,又或是抓住球囊入口处,很多环节都需要众人协力完成。

地勤人员的工作

1.将燃料桶安装在吊篮上,通常会装上 4 个。

2.安装燃烧器的支撑架,以便安装燃烧器。

3.安装好燃烧器后点火测试。

4.将吊篮倾倒后摊开球囊,并系紧球囊与燃烧器支撑架。

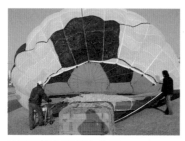

5.利用送风器填入空气。

6.开启燃烧器加热空气,撑起球囊。

热的传递方式

　　热的传递方式有三种：热传导、热对流和热辐射。热传导是通过物体的接触来导热，例如触摸热的东西时会感觉热，这便是因为传导。对流是流体导热的方式，当我们烧开水时，靠近锅底的水会先因受热膨胀、密度变小而上升，上层密度大的冷水便会下沉，形成冷、热水上下交流的现象，这便是对流。而辐射则是通过电磁波——也就是光，它将能量直接发送出去，例如灯泡发光时，我们不用手触摸也能感受到它的热，这就是皮肤吸收了灯泡所辐射出的光能的缘故。光的传播是不需要物质当介质的，这也是太阳光可以普照大地的原因。

太阳光对地球的影响

　　地表因吸收太阳光的能量而变热。热量通过传导，加热了地表的空气，地表空气变热了，再通过传导以及对流将热一层层地往上传，于是大气便出现了下热上冷的现象，这也是地球生物赖以生存的温暖环境。要是太阳的辐射热提高 30%，那么地球上的水将会全部蒸发；相反地，若是减少 10%，地球便会变成冰天雪地的世界。

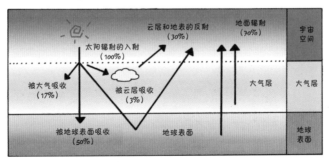

太阳的辐射热吸收示意图

第七章

热气球，出发

在飞行前，一定还要再检查一下燃烧器的燃料。

燃料最少要能够维持两小时以上的飞行。

还要带上手机、高度计和地图。

你真聪明！

游戏机也不能忘了带！

笨蛋！

你还不知道应该要准备些什么吗？

别担心！我把烧酒准备好了。嘿嘿……

被你打败了……

嘻！

好，出发！

哇，上升了！

燃烧器的声音好大！

热气球的飞行模式有两种——"系留飞行"和"自由飞行"，今天我们先进行自由飞行。

系留飞行是将热气球上的绳子固定在地上后再飞行。

初学者在练习上升、下降时，会先以这种方式飞行。

而自由飞行则是任气球随风飞行。

原来如此！

由于我们搭乘的是最基本的热气球，所以飞行速度完全取决于风的大小哟！

啊？

高度计上面不是有标示吗？

已经是300米的高度啦！

只要懂得基本要领，无论是谁都可以操纵热气球哟！

可以上升到多高的地方呢？

干吗瞒住我？

1988年，瑞典一位叫林德斯特朗的人曾乘坐热气球上升到属于平流层的19811米高，而一般民用航空器的飞行高度为7000米到12000米，所以这项纪录可以说是非常了不起的。

天哪！

哼，只要喷火就可以上升，有什么了不起的！

哟，说得简单！

你的勇气来自无知，无知者无畏嘛！

哇，老师真是一针见血！

你真是我亲爸爸吗？

乘坐热气球时，就算带着氧气瓶，顶多也只能升到14000米左右的高空。

要是再上升的话，就很可能因气压过低而死亡哟！

咔嚓

既然如此，那您一定有话要跟我说吧?

我现在不是正在说吗?

那这条绳子是干什么的啊?

别乱碰啊!

拉拉

那是打开排气阀的绳子呀!

什么阀?

这个

排气阀!

要是打开球囊最上端的排气阀，热空气就会泄出，热气球的浮力也就会变小，这么一来我们就会掉下去呀!你这个笨蛋!除了要降落之外，千万别去碰那条绳子。

哇,从上往下看,风景真美啊!

这么好的地方当然不能错过!

嘿!

咦,这小子又要搞什么鬼?

啪!

呃!

大自然啊,让我好好灌溉你吧!

哼,真是自找麻烦!

哇!

乘热气球环游世界

人类首度以热气球飞行之后，经过216年才成功地利用热气球环游世界一周。主角就是瑞士的伯特兰·皮卡尔和英国的布莱恩·琼斯，他们在1999年3月21日，于瑞士的阿尔卑斯山乘坐约20层楼高的罗泽气球——布莱特林"飞船3号"出发。

布莱特林"飞船3号"首先朝北非飞行，然后在赤道上空利用气流的推动转向，经过中国、太平洋、墨西哥等上空，总旅程约42810千米。之后，他俩通过非洲撒哈拉沙漠西部的毛里塔尼亚共和国，仅以19天21小时55分的时间就完成了环游世界一周的壮举。

布莱特林"飞船3号"的环球飞行距离刷新了过去热气球最长飞行距离22910千米的纪录。

布莱特林"飞船3号"飞行的雄姿

第八章

紧急迫降

阿丹!

搞什么嘛!刚刚我差点就死了!你真的是我亲生父亲吗?

对不起啦!

爸爸送你的礼物,你别生气了!

什么礼物?

那就是——

拇指之吻！

啾！

什么啊

小咪也来一个拇指之吻！

……

还有老师……

别胡闹了！可恶！

摇晃——

老师，做得好！

哎哟，开玩笑的啦！救命啊！

好像都没有风啊！

好像是！

要怎么联络119啊？

对、对呀！

别担心，我有最新型的手机。

啊——
幸亏你带啦！

呃，怎么会这样！

怎么了？

手机没电了！

那还带来干吗啊！

老师，我们该怎么办？

那没办法了，我们只能祈祷赶快起风吧！

热气球驾驶员说让大家赶快祈祷，真是天大的笑话！

忍、忍耐……总不能把学生揍死吧！

快出人命了！

摇晃

老师，好像
又起风了！

哇，真的起风
了！太好了！

咦？

你看吧，我
说得没错吧？

是吗，你
说过什么吗？

你只要把嘴
巴闭上，就是帮我
们一个大忙了！

降落有两种方式。
其中一种是以低空方式
接近地面，然后降低燃
烧器的火力，使浮力减
小，就能慢慢降落了！

此时的下降
速度应该以不超
过每秒 2.5 米为
原则。

还有另一种方式，那
就是从高处紧急降落的高
空接近方式。

高空接近方式是先决定降落地点之后，

我们在那里降落吧！

再将排气阀打开,使气球内的热空气泄出,然后快速降落。

咚

那我问你们,在降落前应该注意的事项有哪些?

别担心,漫画书我都准备好了!

！

一定要这样打广告吗?

热带雨林探险

你到底是怎么教你儿子的啊?

吼

呃……我错了,别打我呀!

昏倒

降落时的注意事项：

1.确认所需的距离是否充分。

2.确认是否有电线、建筑物、树木等危险障碍物。

大便上还有斑马纹呢！

哇，前面有好大一泡便便！

3.清点同行者人数。

开始报数！

一！

二！

跳过。

现在不是在玩游戏呀！

4.若因发生紧急情况而要进行二次降落时，须确认燃料是否充足。

燃料都用完了！

有什么好高兴的？

5.确认照相机、无线电设备、地图等物品是否完好。

6.确认是否已准备启动排气阀绳。

是这个吗？

不是叫你不要乱动吗？

咻咻

准备降落，把身体放低。

咚

咚咚

沙沙

哇，终于完成降落了！

降落后要记得把火熄掉，还要把燃烧器内的燃料放出！

咚、!!!

老叫人做些没用的事。

够了，别再闹了！

噗

拆解的顺序是：只要把组装顺序倒过来即可！

那我们一起来拆热气球,好吗?

这些事老师自己看着办就行了!

喂,你们这些家伙快给我站住!

老婆,别打我!呜呜——

风是怎样产生的

风是空气在水平方向的流动,风既有大小又有方向。在大气的环境中,风通常是因为气压的不平衡所造成的。相同高度而相邻的两地,如果一处气压高,一处气压低,则空气将由高压区流向低压区,直到压力达到平衡为止,这就是风的由来。那么为何有气压差呢?这是因为地球各地接收日照的强弱不一,而且不同地方,例如海洋与陆地,温度上升、下降的速率也不同,因此会有不同的温度差。通常气温越高,气压会越低,如此一来各地就有了气压差。由此可知,风的产生和太阳有关系。

下图可以帮助小朋友了解气压和风的关系。假设 A 地的气压高于 B 地,空气便会从 A 地向 B 地移动。

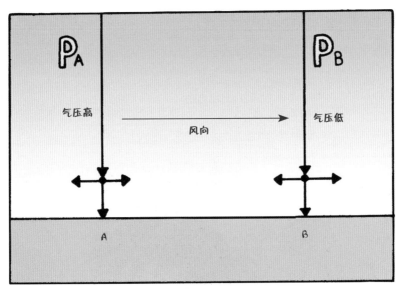

引起空气流动的气压差 空气会从气压较高的 A 地往气压较低的 B 地流动

第九章

热气球竞赛

哼!这些可恶的家伙,这么大的热气球竟然叫我一个人拆解。

哎哟,全身疼痛!

哼!都先跑回去了,要是有点良心的话,应该会煮饭吧?

咕噜……

呃啊!

呼——

嗯嗯……

老婆,别打了!

来,拿去。

谢谢老师,还留一碗饭给我!

我只是叫你洗碗而已。

呃,连一粒米都没剩!

吃过饭了,接下来,我来说明一下热气球竞赛的规则吧!

太可恶了,我们还没吃呢!

第一次热气球竞赛于1973年在美国举行,总共有9个项目,这些项目被称为"TASK"。

由于不需要热上升气流,所以比赛要从清晨开始举行。

像你们这些懒鬼,要准时出赛简直就是在做梦。

哼,又没有人说要参加!

通常比赛时都会指定一块投掷沙袋的区域,该沙袋被称为"标志物"。能将标志物投掷在最接近指定区的,就是比赛的优胜者。

此外,有的比赛以在一定时间内飞得最远的人为优胜者,有的又以移动距离最短的人为优胜者。

能否有效利用风势,是取胜的关键。

老师参加过热气球竞赛吗?

嗯?

我、我对那种世俗的比赛没什么兴趣……

尴尬……

?

一定是因为实力不如人,所以才不敢参加吧?嗯?

一定是……

这是我的秘密,闭嘴啦!不准你们告诉别人!

哼……果然没错。

真失望……

通常国际性的热气球竞赛都要举行10天以上,这是因为竞赛时需要配合像风之类的自然条件,所以比赛通常不能如期举行。

总觉得不太可信!

如果有高倍率望远镜的话,就可以去观看有趣的热气球竞赛了。

我们要不要去看看热气球竞赛?

啊,真的吗?

当然是假的!

呀!

今天的课就上到这里!

这样很可爱吧?

哪里……可爱……

那么老师,我们什么时候吃饭?

咕噜……

哈哈……你闻闻味道就好!

呃啊!

香倒

肚子好饿,已经快要前胸贴后背了!

我也是!

早知道这样,就和老师一起拆解热气球了。

爸爸,我拿到吃的东西了!

热气球比赛项目集锦

游荡华尔兹

参赛者在空中从二至三个目标中选一个，然后朝选定的目标区投掷标志物，标志物距目标越近，得分越高。

指定目标

在终点处放置一个标靶，运动员到达此处后以其交叉点为目标投放标志物，标志物离交叉点越近，得分越高。

猎狗追兔

这个项目类似我们玩的捉迷藏游戏。首先让扮演"兔子"角色的热气球升空，10分钟到15分钟后，扮演"猎狗"的热气球再升空。"兔子"在飞行30分钟到50分钟之后降落，并以长10米、宽1米的布在地面上标示出"十"字，"猎狗"则往"十"字的标示处丢下标志物。整场比赛最引人注目的场面是密集的热气球竞相追逐，热闹而壮观。

蜻蜓点水

在这个项目中，热气球像蜻蜓点水一样忽起忽落，因此得名。运动员首先要向着引导球飞行，然后循着引导球的起落点追逐，并在每个目标区投放标志物，投得越准，得分越高。

等待比赛开始的热气球

第十章

刺激的
夜间飞行

咕噜噜

嗯……

需要的东西
都带了吧？

当然啰！

小、小偷?

哇,有两个小偷!

啊,现在只要能上去就好了!

你们想干吗?

呃啊!

啊,是叔叔和阿丹!

哇,这个女孩子的力量还真不小!

哎哟,我快死了!

你们在做什么?

嘘——安静!

我们想瞒着老师来一场夜间飞行。

夜间飞行?

风势突然变猛了!

咦,爸,现在是怎么啦?

山上的风和平原的风不一样,我们这样很危险哪!

什么?风不是都一样的吗?

你真是搞不清楚状况!

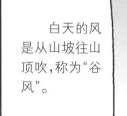

白天的风是从山坡往山顶吹,称为"谷风"。

现在是晚上,风变成由山顶吹往山谷的"山风"。

这两种风合起来称"山谷风"。

我听不懂你在说什么。

你这个笨蛋，热气球如果被山风吹到溪谷，说不定会翻过来啊！

真、真的吗？

叔叔，快点想办法让热气球上升呀！

我知道了，你别慌啊！

叔叔，现在好像在刮旋风了！

完了，来不及了！热气球一直往溪谷里掉！

这就叫"斜面风"！

什么是斜面风啊？

好恐怖！

沿着山坡斜面流动的风,称为斜面风,这里的风很可能形成过流啊!

那……那该怎么办哪?

赶快让燃烧器加热空气,让热气球继续升高啊!

晃晃晃

呜呜——

阿丹,你在干什么?

我正在写遗书。

晕倒

遗书

叔叔,气球好像开始漏气了!

现在还不要紧。

我们千万不能紧张,应该冷静想办法。

矮矮矮

只要一直加热,让浮力大于阻力,我们就有机会得救。

轰轰轰

爸爸,快加油啊!

咝咝

哇,得救了!我真恨我自己,怎么会笨到坐爸爸驾驶的热气球呢!

哇——幸好!

呼——其实爸爸一点都不紧张。

那为什么还流这么多汗呢?

叔、叔叔,您、您看那里!

咦?

81

什么是山谷风

在天气晴朗的日子,山区往往会出现日夜风向相反的现象:白天时风由山谷吹向山坡,并且沿着地势往上爬升,称为谷风;反之,到夜晚时则吹山风。为什么会有这种现象呢?

日出后,地面因吸收了日光的辐射热,会使山坡的温度快速上升,而由于悬浮在山谷的空气温度上升比较慢,因此山坡上的气温渐渐高于山谷,如此一来,山坡附近的气压就小于山谷的气压,于是空气会由山谷流向山坡,这就是谷风。入夜以后,山坡冷却较山谷快,当它的温度降至比山谷的空气低时,空气便反其道而由山坡流向山谷,这就是山风。

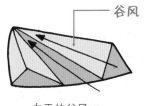

白天的谷风

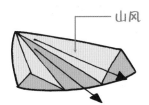

晚上的山风

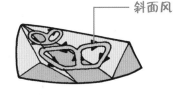

沿着斜坡吹的斜面风

示意图1:山谷风向的变化

示意图2:山谷风向的变化

第十一章

飞行考试

不知道他热气球驾驶考试考得如何了呢?

嗯?

您、您说什么考试啊?

你不知道你爸爸今天要参加考试吗?

我恨爸爸!他竟然没告诉我们要考试!

我也想参加考试……

你们还没有资格参加热气球驾驶的考试啊!

为什么?

年龄要满18岁才可以报考啊!

哦,原来是年龄的原因才不能考。

呜呜

可我爸爸的智力年龄才12岁!

很得意吗?

笔试要80分以上,才有资格参加驾驶考试。

那我爸爸一定不会通过的!

我想他们真的不是亲生父子吧!

嗯……

孩子们!老师!

我终于通过热气球驾驶的考试了!

怎么可能?骗人!

真的呀!

不可能,我一定在做梦,快醒来吧!

砰咚

来,你们看!我拿到国际航空联盟的驾驶执照喽!

有这个就可以进行国际飞行了!

啊!真的吗?

咳咳……

我们要坐着热气球横越海峡,好吗?

噗哈哈……

神经病!

可是你们为什么一定要飞越海峡呢？

当然是为了庆祝我们家进军热气球运动界啊！

我的想法如何呢？很棒吧？

你说的是真的吗？

嘻嘻

您、您听我说过谎吗？

有啊！

爸爸，我记得你好像跟我说过，如果飞越成功的话就会出名，我们就可以做热气球来卖钱……

呃！

我、我什么时候这么说了？

你明明是这样说的。

我也听到了。

我说嘛，哼！

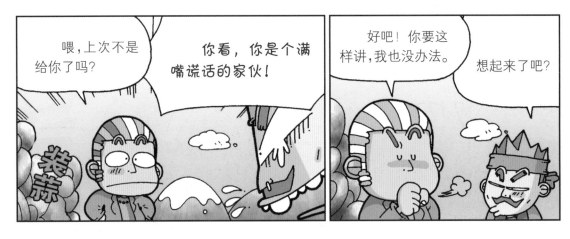

* 这是错误示范哟!

怎样取得热气球驾驶执照

进行热气球飞行必须持有驾驶执照。热气球驾驶执照分为：飞行学员合格证、私用驾驶执照和商用驾驶执照三种。

要取得飞行学员合格证需要：

1.至少年满 14 周岁；

2.有良好的道德品质；

3.能读、说、听懂汉语，无影响双向无线电对话的口音和口吃；

4.持有民航总局颁发的有效体检合格证；

5.完成热气球理论课程的学习并考试合格；

6.负责培训的单位或个人，向中国航协提出申请；

7.经中国航协资格审查合格后，发给飞行学员合格证。

对另外两种驾驶人员的要求与上述规定基本相同，只是年龄分别提高到 16 岁和 18 岁，飞行时间分别不少于 16 小时和 35 小时。

第十二章

自制热气球

嘎

阿丹！

哇，幸好其他人不在！

悄悄地

没、没事,赶快带我们去看吧!

互瞪

哼!

啪!

哼!

你们又吵架了吗?

叔叔,是阿丹错在先的!

快带我们去看热气球吧!不然我要回家了。

哼,有什么了不起啊!

哇!

儿子啊,要密切关注小咪的情绪哟!

还要去买工业用的裁缝线来缝。

吊篮要去买藤条来制作。

终于完成了。

等到组装完成，一个漂亮的足球纹热气球就诞生了！哈哈！

您应该没有忘记，搭乘人员每位要以 77 千克来计算重量吧？

当然记得！

为了纪念热气球完工，我请你吃东西吧！

真的吗？

我呢？！

热气球模型制作(一)

材料

塑料袋一个、细铁丝、铝箔盒、棉花、火柴、酒精膏或煤油。

制作方法

1. 用细铁丝绑住塑料袋口。
2. 将铁丝的另一端绑住铝箔盒。
3. 在铝箔盒内铺上棉花或注入酒精膏。

实验方法

1. 若铝箔盒内铺的是棉花,则需要滴入足够的煤油。
2. 用手抓住塑料袋,点燃已沾上煤油的棉花或酒精膏。
3. 等塑料袋鼓起来后将手放开,局部调整塑料袋。
4. 放手,让完成的热气球模型升空。

→ 塑料袋

← 铁丝

← 铝箔盒

注意事项

1. 实验时必须有老师或家长在一旁指导。
2. 尽可能使用较细的铁丝,以减轻热气球模型自身的重量。
3. 煤油或酒精膏的使用要适量,避免火灾发生。

热气球模型制作(二)

材料

大塑料袋、细铁丝、胶带、小煤气炉。

制作方法

1. 将铁丝剪成与塑料袋口圆周等长的几段,然后隔一段就用短铁丝将塑料袋和长铁丝绑在一起。
2. 用胶带将铁丝与塑料袋粘起来,让两者之间没有空隙。

在塑料袋上缠上铁丝,然后贴上胶带。

实验方法

1. 一个人抓住圆形的塑料袋口,另一个人抓住塑料袋的上方,在煤气炉上把袋子张成圆形。
2. 煤气炉的火调弱,让塑料袋内渐渐充满热空气。
3. 塑料袋渐渐鼓起上升,等塑料袋完全膨胀,就可以把手放开了。

填满热空气

飞上去了!

注意事项

1. 实验时必须有老师或家长在一旁指导。
2. 注意不要让塑料袋碰到火,以免烧起来。

第十三章

尴尬的资金募集

我们已万事俱备，只差飞上天空了！

可是叔叔，您怎么有钱做那个热气球的呢？

难道爸爸藏了私房钱？

我哪有什么私房钱，是瞒着你妈妈偷偷向银行借的！

爸爸，妈妈要是知道了怎么办？

嘘，小声点！这是我们两个的秘密。

是！

不赶快还钱的话，我管你什么横越不横越，想都别想！

要想还银行的钱，就只能用这个办法了。

热气球横越海峡
资金大募集

……

爸爸，你在干吗？真丢脸！

啊，真是好久不见！有什么事吗？

有一件小事，那就是我想募集资金进行热气球运动，请问你能不能帮个忙？

……   ……

你是哪一位啊？

事到如今，就只剩一个办法了。

什么办法？

紧握——

摇晃

哇！

来坐坐热气球吧！1分钟1元！便宜吧？请排队哟！

这样赚得到钱吗？

我看很难！

冷清！

飕飕飕

超过10分钟了，可以下来了吧！

我不要！我还要坐！

真浪费燃料！

一整天只赚这么一点点啊！

要是被妈妈知道了，我看铁定完蛋。

现在只好瞒着你妈妈偷偷逃走了！

发光

谁这么大胆？

呃！怎、怎么了？

我说过，钱没有还就不准走！

你竟然躲在壁纸后面！

沙沙

叔叔，我来了。

哎哟，我的小咪最近好吗？我真是想死你了！

啊——是，嗯——您好。

我爸爸说，他愿意帮助我们。

什么？

哇！哇！我怎么都没想到？

没办法，不然怎么办呢！

我们家小咪太棒了，万岁！

我只想赶快出发而已。

可是你妈又跑到哪里去了？

去哪儿了？

哎哟，小咪爸爸呀！真的谢谢你帮忙哟！

啊，是哪一位？

哎哟——你知道的呀！

热气球飞行时的注意事项

1.勿在有浓雾时或夜间飞行,以免因视线不佳而出意外。

2.勿在有强烈的上升气流或是积雨云过多的地方飞行。

3.地面风速超过每秒 8 米(对初学者来说,每秒 4 米)时禁止飞行。

4.球囊淋雨后,会缩短其使用寿命,所以勿在雨中飞行。

5.注意勿使球囊内的温度超过额定标准。

6.勿将任何搭载物向外丢弃,以免造成地面人员受伤或财产损失。

7.风速达到每秒 4 米以上时,请勿进行系留飞行。另外,在高度 50 米以上做系留飞行也很危险。

8.确认热气球所载运的物品符合相应的安全规定,特别要注意所使用的无线通信设备必须确保畅通。

9.燃烧器的气体外泄时会有起火或爆炸的危险,所以不可在热气球附近吸烟。

什么是上升气流

　　白天,地表会因为吸收日光而变热,气温也随之升高。地表又轻又暖的空气迅速上升,形成上升气流。如果热气球被这股气流推动而急速上升,就会增加运动的危险性。不过,在滑翔翼之类的运动当中,上升气流却可以帮助滑翔翼驾驶员尽情地享受数小时飞行的快乐呢!

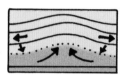 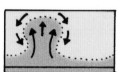 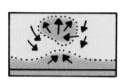 

地面受热,空气被加热而上升　　受热的空气上升变冷,再往下降　　气流会像泡沫一样上升、下降并循环往复　　随着温度进一步升高,热空气上升速度加快,规模变大

摩擦对风有影响吗

　　在距离地面约 1.5 千米内的空中所吹的风称为"摩擦风"或"地面风"。之所以称作"摩擦风",是因为近地表的风与地面接触时,会有"摩擦力"。例如,风若与树木、建筑物、山等碰撞时,便可能改变风向和速度。

第十四章

收集资料

一定都是漫画书!

呃!

现在真的就只剩下坐上热气球、痛快飞上天这件事了!

收集资料?

你这傻瓜,出发前应该好好收集资料才对吧!

啊?怎么这么复杂啊!

飞行的距离有好几百千米,当然要先仔细分析预定路线和天气啰!

孩子啊，飞行日期终于决定了！

我决定三天后出发。

三天后的天气应该不错吧？

没错。不会下雨，没有台风，而且是顺风。

我们从釜山出发，在对马岛转向，然后在山口县降落。

釜山

对马岛

山口县

注：本图仅是示意图，不做标准。

如果顺着喷射气流飞行，虽然比较危险，不过能加快速度……

什么是"喷射气流"啊？是指坐着喷气式飞机跑的气流吗？

你脑袋里都装着些什么啊？

管我？

喷射气流指的是中纬度上方的对流层顶部或平流层 * 中的一股以水平蛇行姿态移动的气流。

而"喷射"是用来形容这股气流的强劲。

喷射气流通常在距地表约 10 千米以上的空中，以每秒 30 米到 50 米的速度由西向东吹，时速可达 550 千米！

哇！

* **平流层**：位于对流层上方，距离地表 10 千米到 50 千米。

据说,喷射气流是在第二次世界大战时无意被人们发现的。

啾啾

还是我们家小咪聪明!

好恶心!

第二次世界大战中,美国的轰炸机在日本上空发现一股强大的西风,后来证实那就是喷射气流。

摇摇

晃晃

呼呼

天哪!

我听说如果要乘热气球环游世界一周的话,就要利用喷射气流!

喷射气流的产生和地球自转,以及极地和赤道的温差有关。

万一在对马岛上空转向不成功的话，热气球就可能会掉进太平洋！

这么说，我们一定要在预定的位置转向喽？

没错。

所以，我已经先将正确的坐标信息输入到GPS*里了。

根据目前的航空气象图来看，从釜山到对马岛这段行程应该在3000米高度飞行。

如要爬升到6000米以上高度的话，就会遇到往日本方向吹的西风。

6000米？

珠穆朗玛峰约为8844米，相比之下，6000米也相当高了。

哇……好高！

*GPS：即全球卫星定位系统。简单地说，这是一个由覆盖全球的24颗卫星组成的卫星系统。

如果遇到紧急情况，我可以用无线电请求气象部门协助。

哇，爸爸，那个东西看起来很贵的样子，你哪儿来的钱？

嘘，小声点。这是用小咪她爸爸赞助的资金买的。

嘻嘻……不愧是老爸！

?

好了，我要赶快去做一些最后的整理了。

我总觉得我们正在做一项全世界最费钱的寒假作业。

就是说嘛，唉！

我们真的可以平安回来吗？

什么？

你说这些话是表示你不相信我爸爸吧？是不是那个意思？

那请问，你觉得能相信吗？

当然不能完全相信，所以我已经做好心理准备了。

天哪！

未来的 3 天不知该做些什么事……

阿丹，你其他寒假作业都写好了吗？

我干吗要写？

你讲这话是什么意思？

我只要把你写好的拿来抄就行了，干吗要写？

挖挖……

你说什么？

大气层的结构

科学家通常都根据温度的垂直变化,将大气圈分为 5 层。最接近地表而且有云、雾、雨、雪等各种天气现象的一层称为对流层,这一层的特征是温度会随高度增加而下降。对流层顶至约 50 千米的区间,是温度随高度增加而上升的平流层。50 千米以上则是中间层,这里的温度会随高度增加而急剧下降。中间层上方是热层,在热层上方则是大气层的最顶层外逸层。

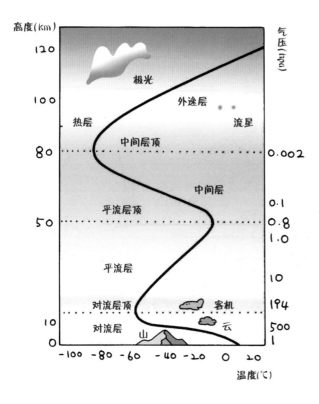

热层

气温随高度增加而急剧上升,白天可达 1700℃以上,晚上和白天的温差很大。

中间层

是大气圈中平均气温最低的一层,最低达 −90℃,比南极还冷!

平流层

气温随高度增加而上升,大气中的臭氧主要集中在这一层,能吸收太阳光中的紫外线,层内水汽和尘埃等很少,很少有云出现。

对流层顶

对流层和平流层分界的大气层,这里一般都吹强烈的西风,可侦测到喷射气流。

对流层

大气中最低的一层,云、雾、雨、雪等气象都发生在这一层。

什么是喷射气流

喷射气流又称为急流，是一种在中纬度以蛇行姿态移动的气流。这种气流是人类在第二次世界大战时无意中才发现的。当时，美国的B29轰炸机在高空由东往西飞行时，飞行员发现花费的燃料与飞行时间都比平常要多得多。后来经过观察才发现，那是高空中有一股强大的喷射气流的缘故。喷射气

流指的是存在于对流层上方或是平流层中下层的一道狭窄的强风带。尤其在中纬度地方，大约 10 千米的上空，急速的西风会以每秒 30 米到 50 米的速度由西向东吹。

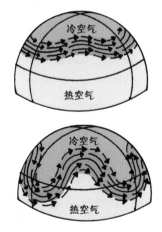

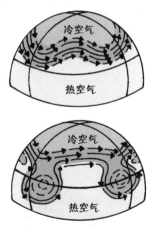

喷射气流示意图

第十五章

飞越海峡大进击

出发啰！

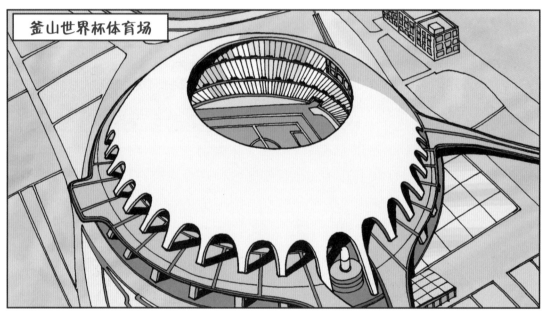

釜山世界杯体育场

哇，期待已久的一天终于到来了！

可是会不会太冷清了？都没有人来欢送！

别担心,我和电视台联络过了,等一下会有很多人来。

我认为……是这样那样。

喂,你在干什么?

我在练习接受采访。

……

1小时后

怎么会这样,一个人都没有?

我早就知道会这样。

冷清

来了!有人来了!

终于有人来了!

你们未经同意,跑这里来做什么?

呃!

什么?你没有得到同意就跑进来啦?

老婆,以后的事就拜托你了。

摇晃

啊!

在太阳升起前出发的另一个原因，是为了利用吹向海面的风来前进。

呼呼

燃烧器的声音好吵哟！

轰轰

白天的风是从海面往陆地吹。

晚上的风则是由陆地往海面吹。两者合称为海陆风。

啊呀，风啊！

海陆风也是因为气压差异而形成的吗？

没错！

风的形成主要是因为气压差的关系，而气压差则起因于各地的温差。

日出以后，陆地的温度会比海洋上升得快，所以陆地上的空气会比较热。

这样一来，地表附近的气压会变得比海面上的气压低，所以风便会由海面往陆地吹。

现在我们就慢慢上升到3000米的高度吧。

爸、爸爸！

怎么了？

我、我想小便，怎么办呢？

呃，好臊哟！

还没尿出来呢！

什么是海陆风

天气晴朗时到海边游玩,可以很容易观察到日夜风向相反的现象,这种白天时吹海风,入夜一段时间后变成吹陆风的现象,我们将之合称为海陆风。海陆风的原理和山谷风很类似。日出后,海面与地面同受太阳照射,温度开始上升,由于海洋的热容量较大,温度上升速率较陆地慢,气压高于陆地,因此风吹向陆地,这就是海风。相反,入夜以后,海洋的温度降得较慢,等到陆地的温度低于海洋的温度时,便又变成陆风了。

一般而言,海风较陆风强,风速通常在每秒5米至6米,随着海岸地形变化,有时会达到每秒7米至8米,进入内陆之后则会减弱。相反地,陆风则会因为陆地的地形及建筑物等的摩擦力而使速度降低,所以平均只有每秒2米至3米。

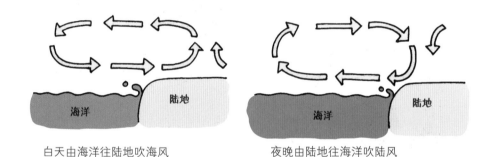

白天由海洋往陆地吹海风　　　　　　夜晚由陆地往海洋吹陆风

海风与陆风示意图

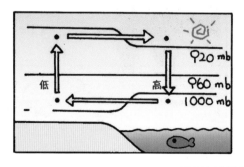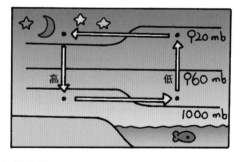

海风与陆风的气压差异

127

第十六章

飞往
对马岛

出发吧！

叔叔，已经上升到 2000 米高了！

真的吗？

现在已经看不到韩国了。

哇，好壮观的海洋哟！

小咪，你看那朵云，我们已经飞得比云还高了！

你不知道那是什么云吗？那叫积云！

什么，我不知道？你知道我不知道，就想趁机笑我吗？哼！

呦呦！

这小子，不懂还叫那么大声！

哎哟！

揪

小咪就是比阿丹厉害！

啊，真是有压力！

刺痛！红肿！

积云是比较容易辨认的！

因为积云不但浓密，而且轮廓清晰，垂直耸立，形状类似花椰菜、圆顶或塔状。

如果最后形成积雨云，就很可能伴随着打雷、闪电、雷阵雨、冰雹等现象。

孩子们，你们知道云是怎么浮在天空中的吗？

你以为我们不懂吗？

你知道吗？

如果我们进入积雨云内，就会遇到急速上升的气流，那可是很危险的呢！

难道你要云贴在地上吗？

呃啊！

小咪知道吗？

我、我也不太清楚。

没关系，不知道也是正常的。

什么，我不知道就叫无知，小咪不知道就是正常？

你一定不是我亲爸爸！

好,先从云的成分谈起。云是由水汽凝结成的水滴或冰晶所组成,但要让水分子凝结在一起,则必须借助凝结核。

海水的浪花会在空气中流失水分,所剩下的盐分是凝结核中所占比例最高的。

还有汽车排放的废气或是尘土等,也可以变成凝结核。

所以像首尔这类空气污染严重的大都市,才常常出现大雾或是多云的天气吧?

没错!

小咪真是懂得举一反三啊!

嘿嘿!

哼!

既然云是由无数小水滴或冰晶所组成的,就应该往下掉才对。

因为受到上升气流影响,才会飘在空中。

爸爸,不要再上课了,您专心驾驶吧!我们已经上升到 2000 米了,还要再往上升 1000 米吧?

但是为什么一定要飞到 3000 米以上的高空呢？

因为要利用风向啊！

当然也可以维持在 3000 米高，靠西北风飞行，不过那要花三天的时间。

那就坐两三天的热气球不好吗？

我们准备的燃料只够飞行七八个小时，若是利用西北风飞行的话，那结果会如何呢？

会因为燃料不足而坠落啊！

那你还明知故问？

那游泳不就得了，嘿嘿！

够了！

· · · · ·

我们家小咪说得真是一点都没错。

开口闭口都是我们家！

真受不了！

如果在 3000 米以上的高度飞行，只要四五个小时就可以到日本了，所以当然要选择这个高度，懂了吗？

你说什么？

爸爸，你吃烤红薯吗？

轰轰

你这小子，我看你是活得不耐烦了！

哇，爸，救命啊！

嘻嘻，烤红薯我一个人全包了！

咻

现在快要升到3000米高了，你们先戴上氧气面罩吧！

为什么要戴呢？

3000米高空的氧气只有地面的三分之二左右，戴氧气罩会让人感到比较舒服。

哟，真聪明！

133

云是怎样形成的

　　飘浮在天空中的云,是由无数个小水滴或冰晶聚集在一起而形成的。当地面空气受热上升时,会因为压力减低而持续膨胀,温度也会逐渐下降,这时如果空气中含有足够的水汽,最后就将达到饱和而形成水滴或冰晶。但是,水汽凝结除了要达到饱和外,还要靠凝结核帮忙才行。这些凝结核包括灰尘或盐粒等。由此可见,如果空气中完全没有灰尘或其他杂质,其实是很难形成云朵的。

空气上升与云朵的形成

因为热度不平衡而上升

　　地表因为受到日光照射而变热,使得地面上的空气也跟着变热;如果温度高过周边的空气,就会形成气压差。这样一来,热空气上升,冷空气下降,循环往复。这时,如果水汽足够,便会形成云朵

随着山势而上升

　　移动中的空气在遇到山坡时,会沿着倾斜面上升,这时如果水汽足够,便会形成云朵

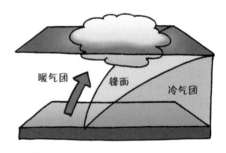

随着锋面的空气而上升

　　暖气团和冷气团相碰时,暖气团的空气因密度较小而上升,冷气团因密度较大而下沉。而两个气团的交界面就是锋面。此时若是水汽足够,便会形成云朵或不稳定的天气形态

云的种类

卷云（6000 米以上）属于高云族，为纤维状，系由冰晶所组成的冰云，常呈丝条状、马尾状等

卷积云（6000 米以上）与卷云同属于高云族，看起来像是小棉絮或小贝壳般散布在天空

高积云（3000 米 ~5000 米）属于水滴、冰晶混合的中云族，云块比卷积云大，下方略呈灰色

高层云（2000 米 ~6000 米）同属中云族，通常范围广阔，分为透光高层云和蔽光高层云

积雨云（2000 米以下）属于有展云族，由水滴和冰晶构成，为夏季午后最常出现的云，常伴随着雷阵雨

层积云（2000 米以下）云层不厚的低云族，底部有明显的灰影，有时会降下小雨

137

第十七章

空中转向

叔叔，您看那里！已经可以看到对马岛了！

对呀！

现在我们要在这里提升高度，找寻往日本吹的风。

不能维持现在这样吗？

轰轰

这样就会顺着西北风掉到太平洋里去啦！

……

然后我们就会变成海洋生物的食物了!

看起来真好吃!

开吃吧!

呜——

这是蚊子吗?

由于风的方向会随高度而改变,所以我们一定要寻找到吹往日本的西风。

爸爸,找得到吗?快加油吧!

要找西风的话,还要往上升高几米呢?

我也不知道。

呃!

您、您说什么?

嘎哈哈哈!

你们干吗突然这么紧张啊?

别忘了我有这个啊!

啊哈,无线电!

用这个和气象局联络，问问现在西风的高度是多少。

吱吱

嗯？

嘀嘀嘀

砰

呜——呜哇！无线电烧起来了！

我的天哪！

爸、爸爸，现在怎么办？

怎、怎么会这样？

天哪，分期付款还没付完呢！

那不是重点啦！

没关系，别担心！你相信爸爸吗？

......

不、相、信！

......

什么，这……
-30℃?

啊，-30℃?

对啊，只想着要找西风，都忘了温度垂直递减率了!

赶快戴上帽子，围上围巾吧!

唔……

叔叔，温度垂直递减率是什么啊?

哇，好暖和!

意思是说气温随高度而逆减的幅度。

干燥的空气每上升 100 米，温度就会下降约 1℃;湿空气每上升 100 米,温度就会下降约 0.5℃至 0.6℃。

世界的平均温度垂直递减率是指高度每增加 100 米,气温下降 0.65℃。

这么说，高度越高，温度就越低？

通常大家都是这么认为的。

不过有时也会出现下冷上热的情况，这种现象就叫"逆温"。

逆温出现时很少有风，幸好它主要在夜间形成，白天就会逐渐消散。

哎哟，我都快要冷死了，还管什么逆温不逆温的！

呼呼——

讲什么蠢话！逆温和热气球飞行有很大的关系！

是吗？

出现逆温的话，热气球就不容易上升了！

是、是这样吗？

什么是逆温

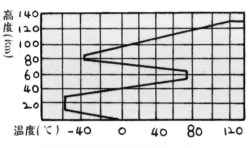

随高度变化的温度垂直递减率

一般而言，离地面越高的地方，气温就越低。在对流层，平均每增加100米，温度就会下降约0.65℃，这就是温度垂直递减率。相反，如果出现上热下冷的现象，便被称为逆温。当大气出现逆温现象时，空气将不易产生对流，比平时更稳定，少有风和雨。也正因为此，在这里空气污染会变得更为严重。例如台北盆地在冬天时较容易出现逆温现象，这是因为冬天时常有冷气团入侵，将原本的暖空气往上抬升所致，而盆地的地形更加强了逆温的效应，因而使台北的空气质量更为恶化。

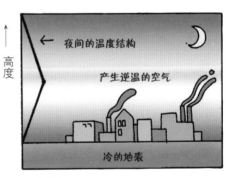

第十八章

进入
日本上空

爸爸,好冷啊!快把高度降低吧!

忍一下!男子汉大丈夫,连这一点冷都不能忍啊?

抖抖!

你爸爸可是一点都不冷啊!

抖抖抖

骗人!

出发至今已经过了 4 小时 30 分钟，照我的计划应该能看到日本的陆地了。

叔叔，我看到那边的陆地了！

没错，这就对了！

那里应该是日本本州岛的西端——山口县了！

真是聪明！

我觉得那应该就是日本的山口县。

你重复别人的话还能讲错！

现在，慢慢将高度降低，准备降落。

终、终于要降落了吗？

咻咻

热气球飞行世界纪录

热气球的飞行纪录包括飞行时间、飞行距离、飞行高度及最短时间绕行世界一周等4个国际公认的项目。不过,由于热气球的种类和规格有很多,因此世界纪录也是依不同的热气球种类及规格而分类的。全世界热气球和驾驶者最多的国家是美国,其次是德国、瑞士以及日本,热气球的世界纪录大多为这些国家的驾驶者所拥有。

飞行高度世界纪录

1961年5月4日,美国的马尔科姆·罗斯和维克多·普拉瑟搭乘"李·路易斯纪念号"创下3 4668米的纪录,相当于珠穆朗玛峰高度的4倍。

飞行距离世界纪录

1999年3月21日,瑞士的伯特兰·皮卡尔和英国的布莱恩·琼斯搭乘布莱特林"飞船3号"创下4 2810千米的纪录。

飞行时间世界纪录

1999年3月21日,瑞士的伯特兰·皮卡尔和英国的布莱恩·琼斯搭乘布莱特林"飞船3号"创下477小时55分的纪录,同时也创下了搭乘热气球环绕世界一周的飞行纪录。

第十九章

急寻
着陆地点

现在最重要的应该是尽快找到降落的地点才对吧?

不过,我还是非跟你妈讲不可!

我也一定要去学校讲!

哼……

我们一直都在山区内飞行,根本无法降落!

对啊,就算是超级天才——我,也不想再遇到乱流了!

真的是天才呀!

超级天才?

这似乎比当发明家要容易得多！

的确是这样。

通过这次飞行，我深切感受到实际操作有多重要！

没错！

阿丹，你有什么心得呢？

我觉得尿裤子是一件很丢脸的事！

这种事也算心得吗？

拜托……

咦？

那里有一块适合降落的空地！

哪里？

什么,那不是高压线吗?

这种地方是绝对不可以降落的!

为什么?

万一没降落好,卡到高压电线而触电,那就糟了!

避开电线再降落不就行了嘛!唉,刚刚还号称是超级天才呢!

你给我下去!

爸爸真是,我不过是开个玩笑而已!

叔、叔叔,不好了!

嗯?

156

风的强度标准——蒲福风级

蒲福风级是由英国的蒲福在 1805 年观察海上状况,并以海上的波浪或陆地上的风标、树木的晃动等为基准而制定的风速分级标准。最早虽由个人使用,但经过几次修正后,于 1838 年被英国正式采用,最后成为世界通行的风级标准。目前虽然因为气象局都已备有风速计而较少使用蒲福风级,但是海员在写航海日志记录天气时,仍以蒲福风级为依据。

蒲福风级			
风力	名称	陆上状态	风速(m/s)
0	无风	烟直上	0~0.2
1	软风	烟微微移动	0.3~1.5
2	轻风	人脸感觉有风	1.6~3.3
3	微风	树叶及小枝摇动不息	3.4~5.4
4	和风	尘土及碎纸会被吹走,树的枝干摇动	5.5~7.9
5	清风	叶子多的小树会摇摆,湖水出现波纹	8.0~10.7
6	强风	大树枝摇动,张伞困难	10.8~13.8
7	疾风	整棵树都摇动,步行困难	13.9~17.1
8	大风	小树枝被吹断,逆风时几乎无法步行前进	17.2~20.7
9	烈风	瓦片被吹起,烟囱被吹垮	20.8~24.4
10	狂风	树被风拔起(内陆少见)	24.5~28.4
11	暴风	极少见	28.5~32.6
12	飓风	极少见	32.7~36.9

第二十章

惊险
降落

满足！！

还是找不到合适的降落地点！这可麻烦了！

哇，爸爸，你看那里！

哪里？

又看到海了！哇，真是太棒了！

呃！

平安抵达目的地实在是太棒了!

叔叔,肚子饿了,我们去吃饭吧!

好啊!

咕噜!

我们吃个饭,然后在日本游玩一下再回家!

哇,太棒了!

咦,怎么、怎么会这样?

完、完蛋了!

怎么了?

护照是准备了,但我把皮夹丢在家里了!

您、您说什么?

作者的飞天记

165

科学探险漫画书

丝绸之路
大探险

[韩]洪在彻/编文 [韩]柳太净/绘
林玉葳/译

本系列
共9册

科学探险漫画书

珠穆朗玛峰大探险
飞天热气球大探险
南极点大探险
太平洋大探险
海底寻宝大探险
热带雨林大探险
驾机飞行大探险
黑暗洞穴大探险
丝绸之路大探险

漫画好看 故事搞笑 知识有益
一套激活孩子勇气和智慧的科学漫画书

珠穆朗玛峰
大探险

[韩]洪在彻 [韩]孙영罗/编文 油炳润/绘
林玉葳/译

挑战世界第一高峰,培养战胜
困难的勇气和坚强意志!

科学探险漫画书

热带雨林
大探险

[韩]洪在彻 [韩]孙영罗/编文 [韩]油炳润/绘
林玉葳/译

深入神秘原始的
热带雨林大探险!

科学探险漫画书

黑暗洞穴
大探险

[韩]洪在彻/编文 [韩]李世峰/绘
林玉葳/译

探索奇妙刺激的
洞穴世界!

享受山地车运动的乐趣，
探寻丝绸之路的历史与古迹！

飞翔的梦想可以成真！

乘着热气球，探索令人
惊奇的高空世界！

充满挑战与刺激的
"白色沙漠"！

一起潜入海底，寻找宝物吧！

在波涛汹涌的大海上，
随时迎接险恶的挑战！

著作权登记号：皖登字 1201500 号

레포츠 만화 과학상식 1: 대한해협 비행하기

Comic Leisure Sports Science Vol. 1: Flying the Korea straits

Text Copyright ⓒ 2002 by Hong, Jae-Cheol

Illustrations Copyright ⓒ 2002 by Shin, Jae-Whan

Simplified Chinese translation copyright ⓒ 2019 by Anhui Children's Publishing House

This Simplified Chinese translation is arranged with Ludens Media Co., Ltd.

through Carrot Korea Agency, Seoul, KOREA

All rights reserved.

图书在版编目（CIP）数据

飞天热气球大探险 / [韩] 洪在彻编文；[韩] 申载
焕绘；徐月珠译. —合肥：安徽少年儿童出版社，
2008.01（2019.6 重印）
（科学探险漫画书）
ISBN 978-7-5397-3457-6

Ⅰ. ①飞… Ⅱ. ①洪… ②申… ③徐… Ⅲ. ①天体 –
探险 – 少年读物 Ⅳ. ①P1-49

中国版本图书馆 CIP 数据核字（2007）第 200165 号

KEXUE TANXIAN MANHUA SHU FEITIAN REQIQIU DA TANXIAN
科学探险漫画书·飞天热气球大探险

[韩] 洪在彻 / 编文
[韩] 申载焕 / 绘
徐月珠 / 译

出 版 人：徐凤梅　　　　版权运作：王　利　古宏霞　　　　责任印制：朱一之
责任编辑：丁　倩　王笑非　曾文丽　邵雅芸　　　　责任校对：王　姝
装帧设计：唐　悦
出版发行：时代出版传媒股份有限公司　http://www.press-mart.com
　　　　　安徽少年儿童出版社　E-mail：ahse1984@163.com
　　　　　新浪官方微博：http://weibo.com/ahsecbs
　　　　　（安徽省合肥市翡翠路 1118 号出版传媒广场　邮政编码：230071）
　　　　　出版部电话：(0551)63533536(办公室)　63533533(传真)
　　　　　（如发现印装质量问题，影响阅读，请与本社出版部联系调换）
印　　　制：合肥远东印务有限责任公司
开　　　本：787mm×1092mm　1/16　　　印张：11　　　字数：140 千字
版　　　次：2008 年 3 月第 1 版　　　2019 年 6 月第 4 次印刷

ISBN 978-7-5397-3457-6　　　　　　　　　　　　　定价：28.00 元